"콩 심은 데 콩 나고, 팥 심은 데 팥 난다."라는 말이 있지요.
당연한 말 같지만, 곰곰 생각해 보면 참 신기합니다.
작은 씨앗이 어떻게 부모와 똑같은 모양으로 자랄 수 있을까요?
그 비밀을 풀기 위해 과학자들이 걸어왔던 길을 따라가 봅시다.

나의 첫 과학책 15

엄마 아빠를 닮은 이유
유전의 비밀

박병철 글 | 김민우 그림

휴먼
어린이

어른들은 아이에게 이런 말을 자주 합니다.
"넌 네 아빠를 꼭 빼닮았어. 아주 붕어빵이야!"
또 어떤 아이한테는 이렇게 말할 때도 있습니다.
"넌 어쩜 그리도 네 엄마랑 똑같이 생겼니?"
엄마와 아빠가 나를 낳아 주셨으니 닮은 건 당연한 것 같은데,
그 이유를 곰곰 생각해 보면 참 신기하기도 합니다.
엄마와 아빠의 생김새는 어떻게 아이에게 전해지는 걸까요?

부모의 특징이 아이에게 전달되는 것을 **유전**이라고 합니다.
옛날 사람들은 새로 태어난 아이의 몸속에
엄마와 아빠의 '피'가 섞여서 흐르기 때문에 부모를 닮는다고 생각했습니다.
그럴듯한 설명 같지만, 다시 생각해 보면 좀 이상합니다.
어쩌다 크게 다친 사람이 다른 사람의 피를 수혈˙받았을 때
겉모습이나 체질이 달라졌다는 말은 들어 본 적이 없으니까요.

• **수혈**　상처에서 피가 많이 빠져나갔을 때 다른 사람의 피를 받아서 몸의 상태를 유지하는 방법.
　　　　단, 혈액형이 같은 사람의 피를 받아야 합니다.

1853년, **그레고어 멘델**이라는 오스트리아의 수도사*가
누구나 궁금해하던 '유전의 비밀'을 파헤치기 시작했습니다.
자손이 부모를 얼마나 닮았는지 확인하려면
할아버지의 할아버지의 할아버지부터 손자의 손자의 손자까지
여러 세대를 쭉 세워 놓고 일일이 비교해야 합니다.
그런데 사람을 이런 식으로 비교하려면 시간이 너무 오래 걸리기 때문에
멘델은 빠르게 번식하는 '완두콩'을 이용하기로 했지요.

● **수도사** 수도원에 들어가 평생 결혼을 하지 않고 하느님을 섬기면서 사는 사람.

완두콩은 꽃의 수술에 있는 꽃가루가 암술에 묻으면 열매를 맺고,
이 열매 속에 들어 있는 씨가 뿌려져서 '자손 완두콩'이 생겨납니다.
이것을 '수분' 또는 '가루받이'라고 하지요.
처음에 멘델이 키가 큰 완두콩과 키가 작은 완두콩을 수분시켰더니
그 사이에서 태어난 완두콩은 하나같이 키가 컸습니다.
"어라? 얘네들은 엄마와 아빠 중 한쪽만 닮는 건가?"
그런데 새로 태어난 큰 완두콩끼리 또 수분을 시켰더니
거기서 태어난 완두콩은 키가 큰 것도 있고 작은 것도 있었습니다.
부모보다 할아버지나 할머니를 더 닮은 후손이 태어난 것입니다.

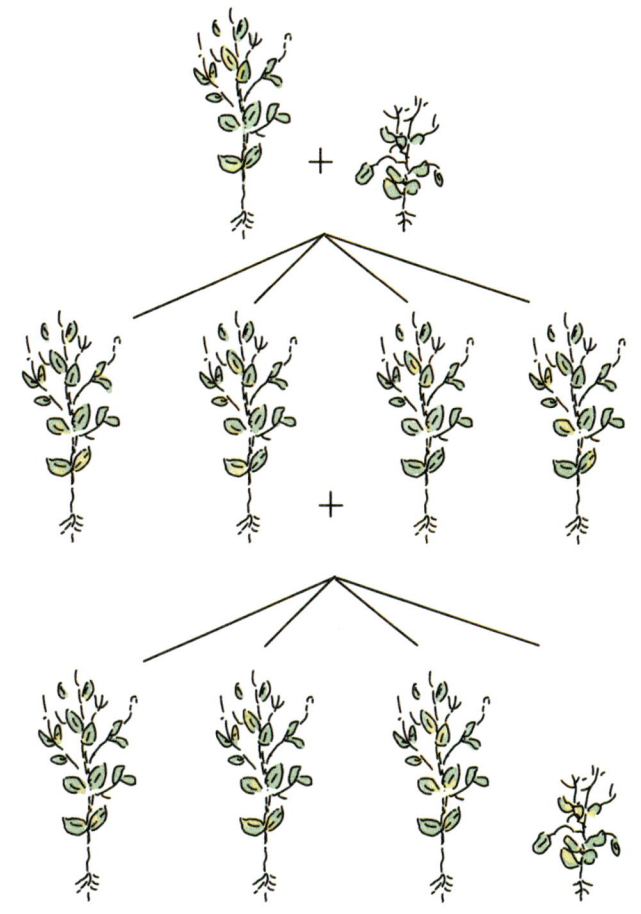

멘델은 무려 15년 동안 완두콩으로 꾸준히 실험을 한 끝에
유전이 특별한 법칙에 따라 이루어진다는 사실을 알아냈습니다.
그리고 자손이 부모를 닮는 이유는 피가 섞이기 때문이 아니라,
부모의 특징이 담겨 있는 어떤 '알갱이'가 전달되기 때문이라고 생각했지요.
멘델은 이 결과를 책으로 써서 유명한 생물학자에게 보냈는데,
그는 수도사가 기도는 안 하고 웬 완두콩 타령이냐면서
그 값진 연구 결과를 거들떠보지도 않았습니다.

멘델이 세상을 떠나고 20년 가까이 지난 1900년에
과학자들은 멘델이 옳았음을 뒤늦게 깨달았습니다.
몸에 상처가 났을 때 피가 멈추지 않고
계속 흐르는 병을 '혈우병'이라고 하는데,
이 병이 아들과 딸, 그리고 손자와 손녀에게 유전될 때
멘델이 발견한 법칙을 정확하게 따른다는 것을 알게 된 것입니다.
하지만 멘델이 말했던 '유전을 일으키는 알갱이'의 정체는
여전히 수수께끼로 남아 있었습니다.

혈우병은 영국 왕실에
유전되어 내려오면서
널리 알려졌지.

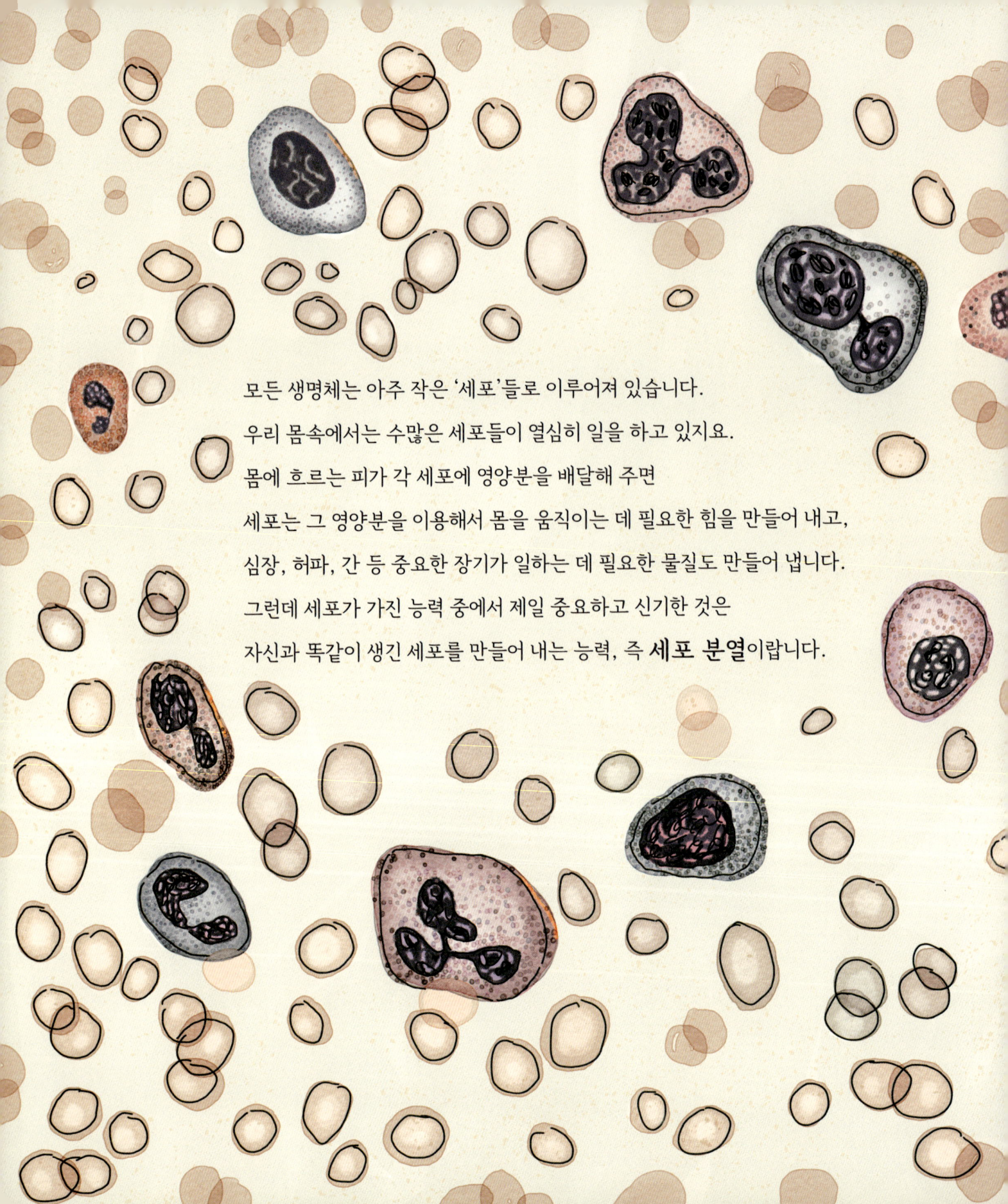

모든 생명체는 아주 작은 '세포'들로 이루어져 있습니다.
우리 몸속에서는 수많은 세포들이 열심히 일을 하고 있지요.
몸에 흐르는 피가 각 세포에 영양분을 배달해 주면
세포는 그 영양분을 이용해서 몸을 움직이는 데 필요한 힘을 만들어 내고,
심장, 허파, 간 등 중요한 장기가 일하는 데 필요한 물질도 만들어 냅니다.
그런데 세포가 가진 능력 중에서 제일 중요하고 신기한 것은
자신과 똑같이 생긴 세포를 만들어 내는 능력, 즉 **세포 분열**이랍니다.

세포의 한가운데에는 **핵**이라는 작은 덩어리가 있습니다.

세포가 분열을 시작하면 가장 먼저 핵이 두 개로 갈라지고,

그 후 세포의 가운데 부분이 잘록해지면서 세포 두 개가 만들어집니다.

별로 신기하지 않다고요? 그럼 사과를 예로 들어 볼까요?

칼로 사과의 가운데를 자르면 두 조각이 되는데,

둘 다 사과의 반쪽이니까 원래 사과하고는 생긴 모양이 다릅니다.

만일 사과를 둘로 잘랐는데 멀쩡한 사과 두 개가 되었다면 정말 신기하겠지요?

바로 이것이 세포가 분열할 때 벌어지는 일이랍니다.

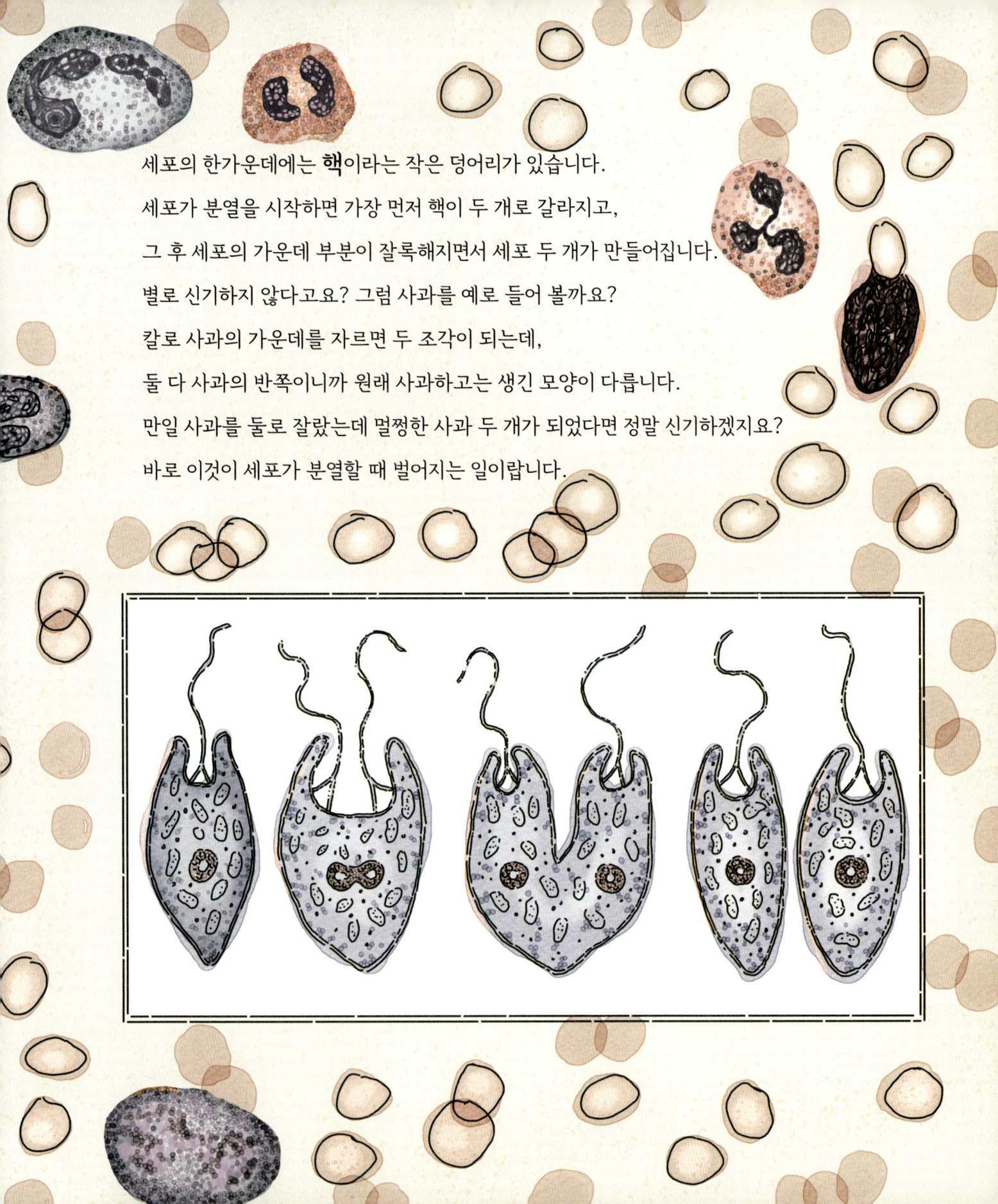

과학자들은 현미경으로 세포 분열을 관찰하다가
핵 속에서 실 가닥처럼 생긴 것들을 발견했습니다.
이들은 특별한 물감을 입히면 더욱 잘 보였기 때문에,
염색체라는 이름으로 불리게 됩니다.
'염색하면 잘 보이는 물체'라는 뜻이지요.
사람의 세포핵 하나에 46개의 염색체가 들어 있는데,
여기에는 딱 한 가지 예외가 있습니다.
아이를 만들 때 중요한 역할을 하는 세포를 '생식 세포'라고 하는데,
이 세포에는 염색체가 46개의 절반인 23개밖에 없답니다.

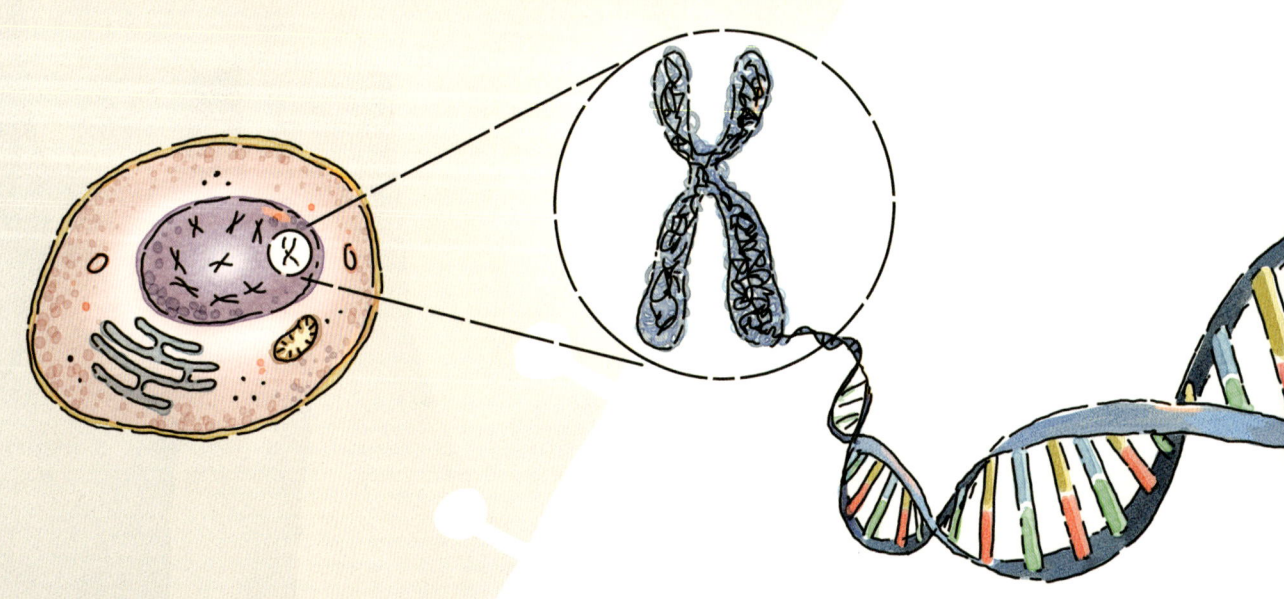

남자의 생식 세포는 정자에 들어 있고 여자의 생식 세포는 난자에 들어 있습니다.
이들이 서로 만나면 23과 23을 더해 46개의 염색체를 가진 세포가 만들어지고,
엄마 배 속에 자리 잡은 이 세포가 분열해서 아기로 자라납니다.
가만, 그렇다면 유전을 일으키는 알갱이가 혹시
염색체 안에 들어 있는 건 아닐까요?
엄마와 아빠의 염색체 안에 두 사람의 특징이 고스란히 담겨 있다면,
아이가 부모를 닮는 이유를 설명할 수 있을 것 같기도 하네요.

미국의 과학자 **토머스 모건**은 이 궁금증을 풀기 위해 초파리라는 곤충을 잔뜩 모아서 실험해 보기로 결심했습니다.

멘델은 완두콩, 나는 초파리!

교수님, 이제 제발 그만 좀 하세요. 사람들이 우리 연구실을 '파리 방'이라고 부르고 있다고요.

붉은 눈 초파리 1003마리……

초파리가 뭐 어때서? 유전의 비밀을 풀려면 그 정도는 참아야지.

파리!!

초파리는 그렇다 치고, 바닥에 웬 바퀴벌레가 이렇게 많아요?

초파리 먹이로 으깬 바나나를 주고 있는데, 하필 바퀴벌레도 바나나를 좋아하더라고. 어쩔 수 없지, 뭐.

아이고 내가 못살아……

얼른 나가 난 바빠…… 어디까지 셌더라……

초파리의 눈은 원래 빨간색인데, 가끔 흰색 눈을 가진 초파리도 있습니다.
모건은 초파리의 눈 색깔이 유전되는 과정을 8년 동안 연구한 끝에
드디어 '유전을 일으키는 물질은 염색체 안에 있다'는 사실을 알아냈지요.
그 물질이 정확하게 무엇인지는 아무도 몰랐지만,
사람들은 염색체 안에 들어 있는 유전 물질을 **유전자**라고 불렀습니다.

염색체 안에 유전자가 있다!

모건은 이 공로를 인정받아서 1933년에 노벨상을 받았습니다.
그러자 과학자들은 유전자의 정체가 궁금해서 참을 수가 없었지요.
하지만 현미경으로는 염색체 속까지 볼 수 없었기 때문에
과학자들은 상상력을 있는 대로 쥐어 짜내야 했습니다.

과학자들은 수많은 가능성을 일일이 따져 본 끝에,
염색체 안에 들어 있을 것으로 생각되는 유전자에
데옥시리보 핵산이라는 긴 이름을 붙여 주었습니다.
이것을 약자로 줄인 것이 바로 그 유명한 DNA(디엔에이)입니다.
현미경으로도 안 보이는 DNA를 대체 어떻게 해야 볼 수 있을까요?

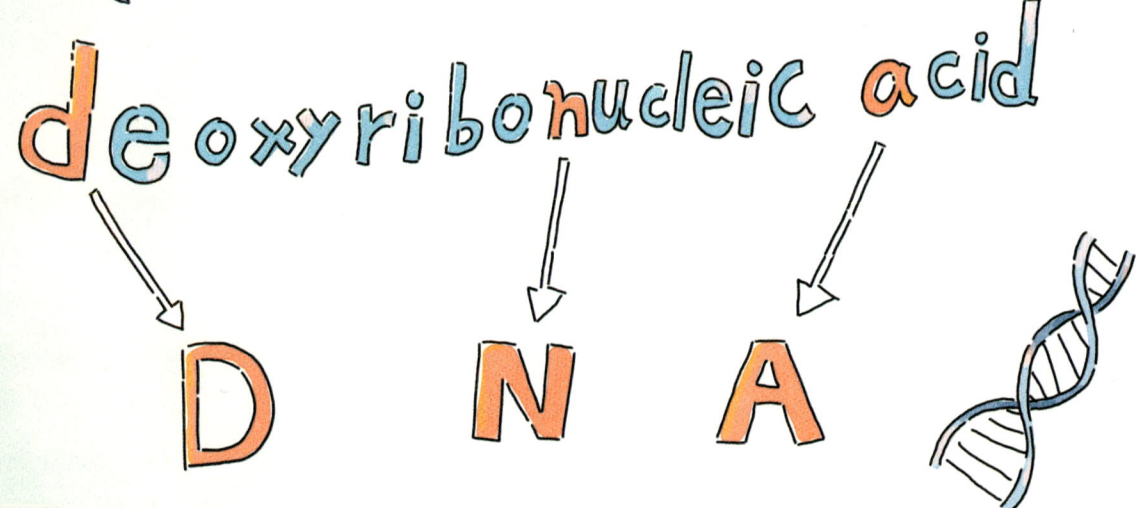

여기, 마법사가 만든 희한한 의자가 하나 있습니다. 생긴 모양은 보통 의자인데, 마법이 걸려 있어서 눈에 보이지 않습니다.

그 대신, 의자에 빛을 비췄을 때 벽에 생기는 그림자는 볼 수 있습니다. 이런 경우에 의자의 모양을 알아내려면 어떻게 해야 할까요?

네, 그렇습니다. 앞쪽, 왼쪽, 오른쪽, 위쪽 등등 여러 방향에서 손전등으로 빛을 비춰서 벽에 드리운 그림자를 분석하면 됩니다.

1952년, 영국의 과학자 **로잘린드 프랭클린**은
바로 이 방법을 이용해서 DNA 분자의 사진을 찍는 데 성공했습니다.
마법 의자를 DNA로 바꾸고, 손전등 대신 X선(엑스레이)을 쪼여서
그림자를 촬영한 것이지요.
하지만 이 무렵에 바이러스를 연구하느라 바빴던 프랭클린은
어렵게 찍은 DNA 사진을 세상에 발표하지 않고 혼자만 알고 있다가
동료인 모리스 윌킨스에게 살짝 보여 주었습니다.

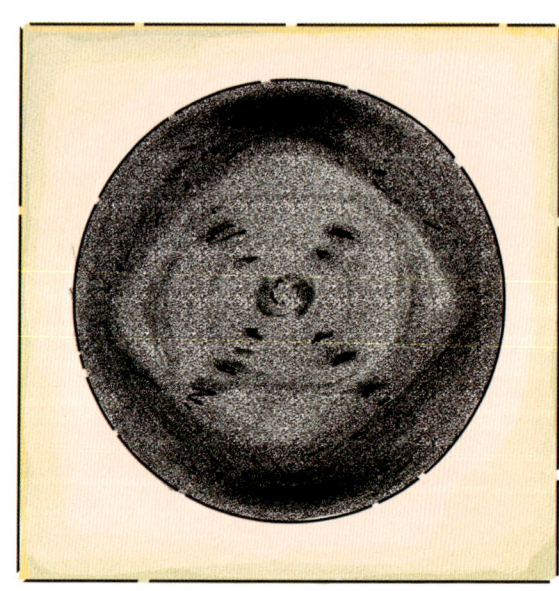

자나 깨나 온통 DNA 생각뿐이었던 윌킨스는 사진을 보고 눈이 휘둥그레졌습니다.
상상만 해 왔던 DNA의 모습이 이토록 선명하게 드러나다니,
자기 눈으로 직접 보고도 믿을 수가 없었지요.
그러나 프랭클린은 이 놀라운 사진을 찍어 놓고도
다른 연구를 해야 한다며 별 관심을 보이지 않았습니다.
윌킨스는 당장 사진을 들고 달려가
DNA의 구조를 연구하던 **제임스 왓슨**과 **프랜시스 크릭**에게 보여 주었습니다.

바로 이럴 때 윌킨스가 프랭클린의 사진을 가져다주었으니,
귀하디귀한 보물을 공짜로 얻은 것이나 다름없었지요.
두 사람은 사진과 같은 그림자가 생기도록 종이 모형을 이리저리 맞추다가
1년이 지난 1953년에 드디어 올바른 모양을 찾아냈습니다.

여기, 네 종류의 장난감 블록이 있습니다.

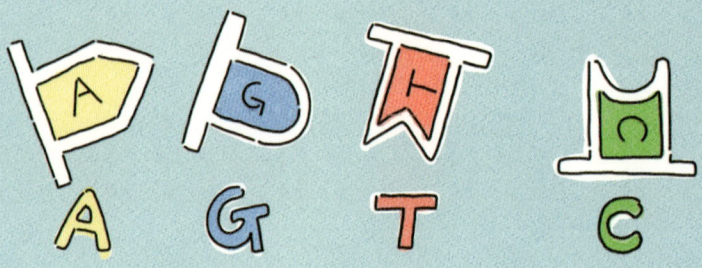

패인 모양이 맞아야 하니까, A는 T하고만 연결되고
G는 C하고만 연결될 수 있지요.

이런 모양을 엄청나게 많이 만들어서 연결하면
기다란 사다리가 됩니다.

다 되었나요? 그러면 지금부터 사다리를 꽈배기처럼 꼬아 봅시다.
한 번 꼬면 이런 모양이 되고

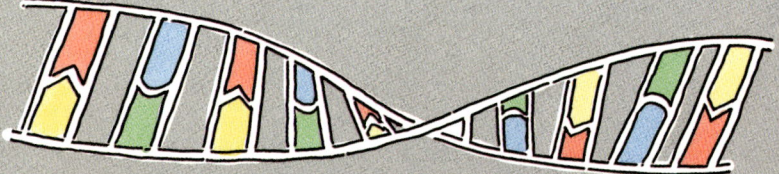

두 번 꼬면 이런 모양이 됩니다.

이런 식으로 사다리를 여러 번 꼬면 이런 모양이 되겠지요.

바로 이것이 유전을 일으키는 DNA의 모습입니다.
어려운 말로 **이중 나선형 구조**라고 하지요.
여기서 A, T, C, G는 DNA 사다리를 이루는 작은 분자들인데,
더 자세한 내용은 너무 어려우니까 그냥 넘어가도 됩니다.

알고 보니 DNA는 '엄청나게 긴 꼬인 사다리'였습니다.

잠깐, 그런데 사다리를 쌓는 순서는 상관없나요?

그럴 리가 없지요. 아무렇게나 쌓는다고 생명체가 되는 것은 아닙니다.

바로 이 '쌓는 순서'에 생명과 유전의 비밀이 담겨 있답니다.

이 순서를 잘 맞추면 사람이 되고, 아주 조금 다르면 원숭이가 되고,

조금 더 다르면 개구리가 되고, 많이 다르면 고등어가 되지요.

하지만 다른 생명체라 해도 DNA 사다리에는 같은 부분이 있습니다.

심지어 사람과 바나나의 DNA도 절반 넘게 똑같답니다.

사람들끼리는 DNA의 순서가 거의 똑같지만,

가까운 가족끼리는 거의 완전하게 똑같고, 사이가 멀어질수록 조금씩 달라집니다.

그래서 두 사람의 몸에서 세포를 조금 떼어 내어 DNA의 순서를 비교하면

이들이 얼마나 가까운 관계인지 알 수 있습니다.

오래전에 헤어진 엄마와 딸이 다시 만났을 때

그 사이에 얼굴이 변해서 서로 알아보지 못한다 해도

두 사람의 DNA를 비교하면 둘이 엄마와 딸이라는 것을 금방 알 수 있답니다.

DNA의 구조를 알아낸 왓슨과 크릭, 그리고 윌킨스는
1962년에 노벨상을 함께 받았습니다.
세상 사람들은 "드디어 생명의 수수께끼가 풀렸다!"라며 잔뜩 흥분했고,
왓슨과 크릭은 아인슈타인 못지않게 유명한 과학자가 되었지요.
가만, 그런데 한 사람이 빠진 것 같네요.
DNA의 사진을 찍었던 로잘린드 프랭클린은 어떻게 되었을까요?

프랭클린은 왓슨과 크릭의 발견에 결정적인 도움을 줬지만
두 사람이 '프랭클린의 사진 덕분이었다'고 말하지 않았기 때문에
다른 사람들은 그런 사진이 있는 줄도 몰랐습니다.
그 후 프랭클린은 자신만의 연구를 계속하다가
1958년에 37세의 젊은 나이로 암에 걸려 세상을 떠나고 말았지요.
만일 그녀가 몇 년만 더 오래 살았다면 노벨상은 물론이고,
DNA의 구조를 알아낸 과학자 중 한 사람으로 역사에 남았을 겁니다.

세포에게도 수명이 있습니다. 영원히 살지 못한다는 뜻이지요.
세포가 늙으면 죽은 세포가 되어 몸 밖으로 빠져나가고,
젊은 세포가 세포 분열을 해서 빈자리를 채워 나갑니다.
예를 들어, 피부 세포는 3주밖에 살지 못하기 때문에
한 달쯤 지나면 우리의 피부는 완전히 새로운 세포로 바뀝니다.
그 외에 피(혈액) 세포는 3~4개월, 간 세포는 1~2년,
뼈와 근육 세포는 10~15년이 지나면 완전히 새로운 세포로 바뀌게 되지요.

이렇게 세포는 끊임없이 새로운 세포로 바뀌고 있는데,
신기하게도 사람의 생김새와 체질은 크게 변하지 않습니다.
물론 시간이 지나면 키가 크고, 성격도 변하지만
친구와 헤어졌다가 몇 년 후에 다시 만나도 금방 알아볼 수 있지요.
세포가 통째로 바뀌었는데, 왜 겉모습은 그대로일까요?
그 비밀도 바로 DNA에 들어 있답니다.

세포가 분열할 때 일어나는 일은 앞에서 이야기했지요?
하나의 세포가 '똑같은' 두 개의 세포가 되려면
세포 속에 들어 있는 DNA는 자기와 '똑같은' DNA를 만들어 내야 합니다.
이 마술 같은 과정은 어떻게 일어나는 것일까요?
세포 분열이 시작되면 제일 먼저 DNA 사다리가 마치 지퍼처럼
두 가닥으로 예쁘게 갈라집니다.

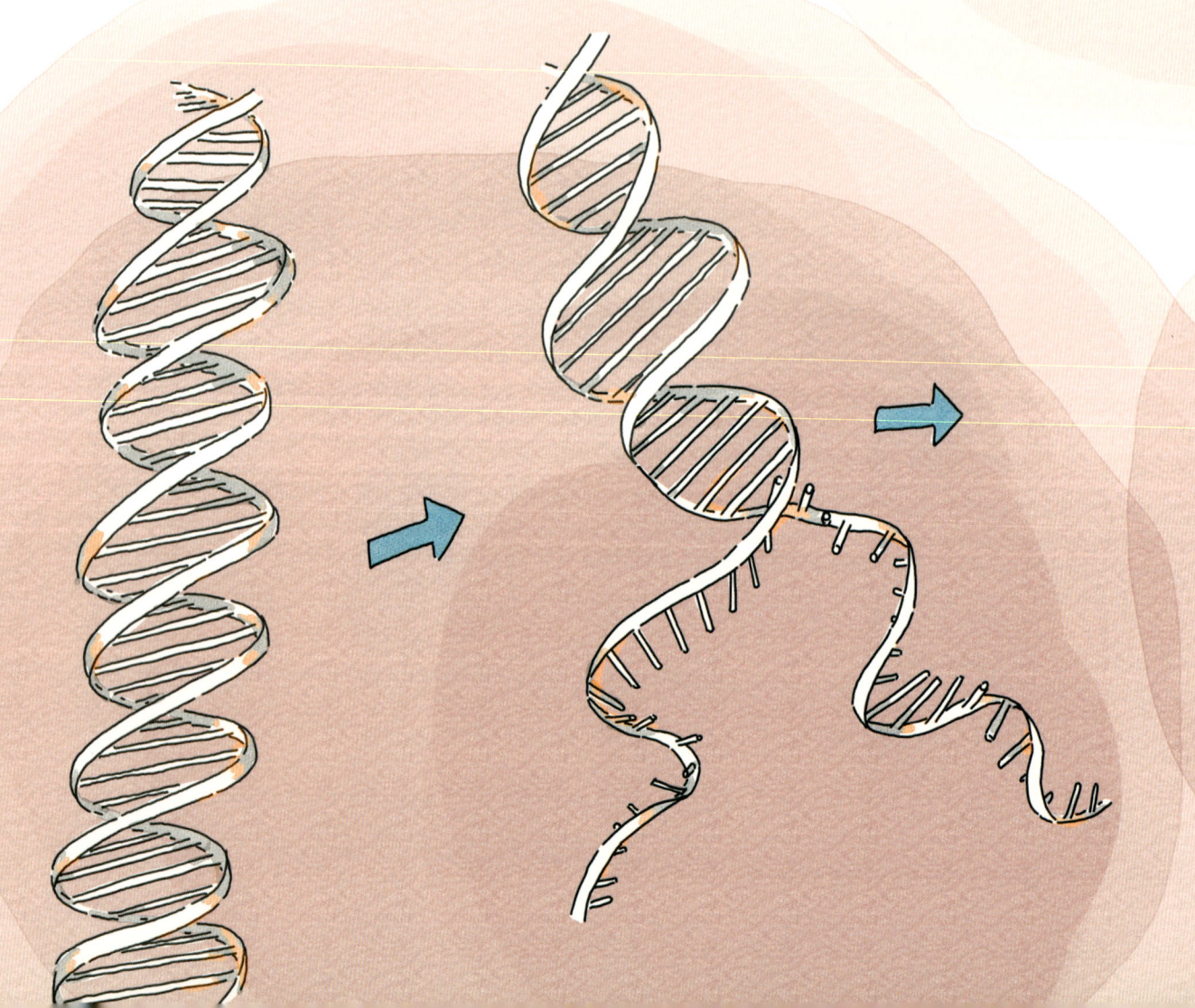

그 후 복잡한 과정을 거쳐 새로 만들어진 사다리 조각들이
갈라진 DNA에 들러붙어서 새로운 사다리를 만들어 나가면…
짜잔, 하나였던 DNA 사다리가 두 개로 늘어났습니다!
이들이 두 개로 갈라진 핵에 하나씩 들어가서
똑같은 DNA를 가진 세포 두 개가 만들어지는 것이랍니다.
이것을 어려운 말로 'DNA 복제'라고 하지요.
세포가 분열할 때마다 이런 식으로 DNA가 똑같이 복제되기 때문에
세월이 흘러도 사람의 모습은 크게 변하지 않습니다. 정말 신기하지요?

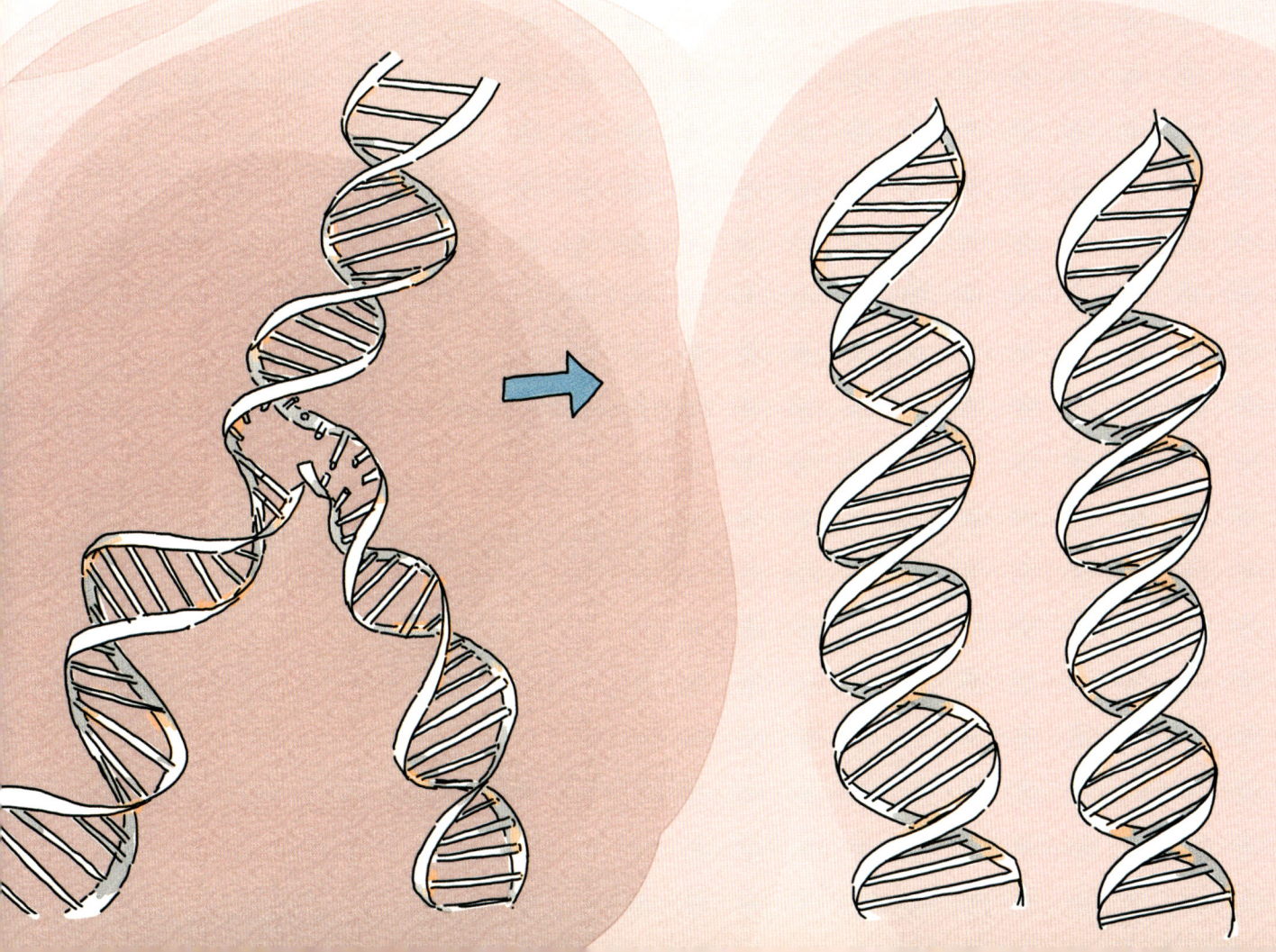

이것으로 우리의 궁금증이 풀렸습니다.
여러분이 엄마와 아빠를 닮은 이유는
두 분의 DNA를 물려받았기 때문입니다.
DNA 한 가닥에는 동화책 5만 권 분량의 정보가 담겨 있습니다.
그러니까 DNA는 한 사람의 몸에 관한 모든 내용이
하나도 빠짐없이 보관된 커다란 도서관인 셈이지요.

DNA에는 여러분의 성격을 결정하는 부분도 있고,
코의 모양, 발의 크기, 머리카락 굵기 등을 결정하는 부분도 있습니다.
과거에 사람들이 '유전자'라고 불렀던 것이 바로 이 부분들이었지요.
어떤 부분이 무엇을 결정하는지 일일이 알 수 있다면 참 좋을 텐데,
DNA 사다리가 워낙 길고 복잡해서 지금은 아주 조금만 알려져 있습니다.
과학자들은 DNA에서 질병이나 암을 일으키는 부분을 찾아내서
병을 예방하고 아픈 사람을 치료하는 기술을 개발하고 있답니다.

DNA가 발견되기 100년쯤 전에 다윈이 주장했던 진화론에 의하면 현재 지구에 살고 있는 모든 생명체들은 처음에 하나의 생명체에서 시작되어 긴 세월 동안 진화를 겪으면서 다양한 모습으로 변해 왔다고 합니다. 이들이 변해 온 과정은 커다란 나무로 그려 낼 수 있는데, 이것을 '진화의 나무' 또는 '생명의 나무'라고 하지요. 나무의 아래쪽에서 일찍 갈라져 나간 생명체는 식물이나 곤충처럼 사람과 별 관계가 없는 생물이고, 위로 올라올수록 사람과 가까운 동물이 등장하지요.

그런데 과학자들이 이 생명체들의 DNA를 분석해 보니,

정말로 나무의 꼭대기로 올라올수록 사람과 비슷한 것으로 밝혀졌습니다.

예를 들어 사람과 쥐의 DNA 순서는 100개 중 85개가 똑같고,

사람과 고양이는 100개 중 90개, 사람과 침팬지는 100개 중 98개가 똑같습니다.

DNA가 비슷하다는 것은 그만큼 '가까운 관계'라는 뜻이니까,

지구의 생명체가 물고기에서 양서류, 파충류를 거쳐 포유류로 진화해 왔다는

다윈의 진화론은 DNA를 통해 다시 한번 증명된 셈입니다.

다윈이 이 소식을 듣는다면 아주 기뻐할 것 같네요.

세포와 DNA는 자기와 똑같은 복제품을 만들면서 생명을 유지합니다.
여러분의 키가 자라고, 몸무게가 늘고, 음식을 소화하고, 상처가 아무는 것은
DNA가 끊임없이 자신을 복제하고 있기 때문입니다.
하지만 세상에 공짜는 없습니다.
DNA 복제가 계속되려면 거기에 필요한 재료를 넣어 줘야 합니다.
어떤 재료가 필요하냐고요? 그건 여러분도 이미 알고 있습니다.
쌀, 보리, 배추, 오이, 고기, 생선, 토마토, 계란, 사과 등등
여러분이 매일 먹는 음식이 바로 그 재료랍니다.

"사과로 어떻게 그 복잡한 DNA를 만들지?"라며 걱정할 필요는 없습니다.

여러분의 몸은 그 기적 같은 일을 할 수 있도록 이미 만들어져 있으니까요.

하지만 세포에 영양분이 골고루 배달되지 않으면

DNA 복제에 문제가 생겨서 몸이 제대로 성장하지 못하게 됩니다.

어른들이 왜 음식을 가리지 말고 골고루 먹으라고 하는지,

이제 이해할 수 있겠지요?

🔆 나의 첫 과학 클릭!

인간 게놈 프로젝트

유전의 비밀이 담긴 DNA는 '꼬인 사다리 모양'이고
사다리의 가로대는 A와 T, 또는 G와 C라는 블록으로 연결되어 있다고 했지요?
이 사다리의 가로대를 '염기쌍'이라고 하는데, 하나의 DNA에는
이 염기쌍이 30억 개나 달려 있습니다. 정말 엄청나게 긴 사다리지요.
여기에 사람의 유전과 관련된 정보가 고스란히 담겨 있다는 건 알겠는데,
어떤 부분이 코의 모양을 결정하고 어떤 부분이 눈동자 색깔을 결정하는지,
또 어떤 부분이 성격을 결정하고 어떤 부분이 키를 결정하는지,
아직 알아내지 못했습니다. 그렇다고 가만히 있을 수도 없는 노릇이어서,
과학자들은 1990년에 대담한 계획을 세웠습니다.
어떤 부분이 어떤 체질을 결정하는지 알 수 없지만, 일단 순서라도 정확하게
알아내자는 계획이었지요. 이것이 바로 그 유명한 '인간 게놈 프로젝트'입니다.
여기서 게놈(genome)이란 유전자를 뜻하는 'gene'(진)과
염색체를 뜻하는 'chromosome(크로모솜)'을 섞어서 만든 단어입니다.
그 후 미국과 영국, 독일, 프랑스, 일본, 그리고 중국의 과학자들이 힘을 합쳐서
무려 30억 개에 달하는 염기쌍의 순서를 일일이 확인해 나갔고,
13년이 지난 2003년에 드디어 염기쌍의 모든 순서를 알아내는 데 성공했습니다.
이것을 '유전자 지도'라고 하지요.

이런 지도가 있으면 불치병의 치료법을 개발하는 데 큰 도움이 됩니다.

예를 들어 어떤 의사가 암 환자의 몸 상태를 분석하다가

특정한 유전자가 관련되어 있다는 것을 알아낸다면, 이미 완성된 유전자 지도에서

이 유전자를 찾아 어느 부분이 잘못되었는지 확인할 수 있습니다.

물론 여기서 연구를 더 하면 치료법도 알아낼 수 있겠지요.

또는 동물의 유전자 중 사람과 비슷한 부분을 분석해서 병에 걸리거나

돌연변이가 생기는 이유도 알아낼 수 있습니다.

아직은 갈 길이 멀지만, 유전자를 다루는 기술이 발달하고

컴퓨터의 성능이 충분히 좋아지면 모든 질병을 치료할 수 있는 날이 올 것입니다.

만일 그런 날이 온다면, 사람의 수명은 100살을 훌쩍 넘어 200년에 가까워질 것입니다.

그래서 어떤 과학자는 "내가 200년을 살지 못하고 죽는

마지막 세대가 될 것 같아서 슬프다."라고 말하기도 했답니다.

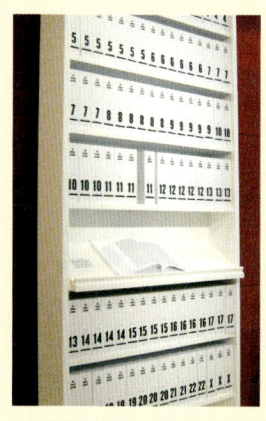 

영국 런던의 웰컴 컬렉션 박물관에 전시된 인간 게놈 정보가 담긴 책

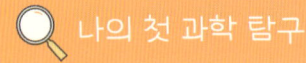 나의 첫 과학 탐구

복제 양 돌리가 탄생하다

아기는 엄마와 아빠의 유전자를 절반씩 물려받았기 때문에
엄마와 완전히 똑같지 않고, 아빠와도 완전히 똑같지 않습니다. 당연한 일이지요.
아이가 부모 중 한쪽과 완전히 똑같으면 그게 더 이상하지 않을까요?
그런데 과학자들은 이런 이상한 생명체를 만들었답니다. 무려 27년 전에 말이지요.
영국의 과학자 이언 윌머트는 사람이 아닌 '양'으로 이런 기적 같은 일을 해냈습니다.
여기, A라는 암컷 양이 있습니다. 우선 A의 몸에서 세포를 떼어 내고,
다른 암컷 양 B의 몸에서 난자 세포를 꺼냅니다.
그런 다음, B의 난자 세포에서 핵만 제거하고, 그 자리에 A의 세포에 있던 핵을
끼워 넣습니다. 간단히 말해서 세포핵을 바꿔치기한 것이지요.
원래 난자 세포는 아기로 자라나는 능력이 있으니까, 이 상태에서 세포 분열을 하면
아기 양이 될 것입니다. 그런데 세포핵은 A의 것이기 때문에,
그 안에 들어 있는 유전자가 아기 양에게 고스란히 전달될 겁니다.
잠깐, 세포가 아기로 자라려면 엄마 배 속에 있어야 하지 않나요?
물론입니다. 그래서 이언 윌머트는 또 다른 암컷 양 C의 몸(자궁) 속에
'핵을 바꿔치기한' 난자 세포를 집어넣었습니다.

그리고 그로부터 몇 달이 지난 후, C는 건강한 아기 양을 낳았습니다.
A와 유전자가 완전히 똑같은 양이 태어난 것이지요.
사람들은 그 아기 양에게 '돌리(Dolly)'라는 이름을 지어 주었습니다.
돌리의 모습이 세상에 알려지자 사람들은 일제히 환호성을 질렀습니다.
과학 기술을 이용해서 원하는 생명체를 똑같이 만들었으니, 그럴 만도 했지요.
하지만 얼마 후부터 걱정하는 사람이 하나둘씩 생겨나기 시작했습니다.
"양까지는 괜찮은데, 그 기술로 사람도 만들어 내면 어떻게 되는 거지?"
맞습니다. 이런 식으로 사람을 복제하면 특정 인물과 똑같은 사람을 만들 수 있고,
이런 일이 많아지면 사회의 질서가 엉망이 될 것입니다.
그래서 과학자들은 사람을 복제하는 기술은 연구하지 않기로 약속했습니다.
돌리는 보통 양들과 똑같이 잘 먹고, 새끼까지 낳으면서 잘 살다가
6살이 되었을 때 병에 걸려 죽었습니다.
보통 양은 10~20년까지 사는데, 돌리는 그렇지 못했지요.
복제 양 돌리가 자연스럽게 태어난 양보다 허약한 이유는 아직 알려지지 않았답니다.

영국 스코틀랜드 국립 박물관에 전시된 복제 양 돌리

글 박병철

연세대학교 물리학과를 졸업하고 한국과학기술원(KAIST)에서 이론물리학 박사 학위를 받았습니다. 30년 가까이 대학에서 학생들을 가르쳤으며 지금은 집필과 번역에 전념하고 있습니다. 어린이 과학동화 《별이 된 라이카》, 《생쥐들의 뉴턴 사수 작전》, 《외계인 에어로, 비행기를 만들다!》를 썼습니다. 2005년 제46회 한국출판문화상, 2016년 제34회 한국과학기술도서상 번역상을 수상했으며, 옮긴 책으로는 《프린키피아》, 《페르마의 마지막 정리》, 《파인만의 물리학 강의》, 《평행우주》, 《신의 입자》, 《슈뢰딩거의 고양이를 찾아서》 등 100여 권이 있습니다.

그림 김민우

애니메이션 관련 일을 하다가 그림책을 쓰고 그리고 있습니다. 쓰고 그린 책으로 《달팽이》, 《나의 붉은 날개》, 《하얀 연》, 《괴물 사냥꾼》, 《로켓아이》, 《여름, 제비》가 있고, 그린 책으로 《완벽하게 착한 아이, 시로》, 《초딩 연애 비법서》, 《할아버지가 가장 사랑한 손주는 누구였을까?》 등이 있습니다.

나의 첫 과학책 15 — 유전의 비밀

1판 1쇄 발행일 2023년 7월 31일

글 박병철 | 그림 김민우 | 발행인 김학원 | 편집 이주은 | 디자인 기하늘
저자·독자 서비스 humanist@humanistbooks.com | 용지 화인페이퍼 | 인쇄 삼조인쇄 | 제본 다인바인텍
발행처 휴먼어린이 | 출판등록 제313-2006-000161호(2006년 7월 31일) | 주소 (03991) 서울시 마포구 동교로23길 76(연남동)
전화 02-335-4422 | 팩스 02-334-3427 | 홈페이지 www.humanistbooks.com
사진 출처 인간 게놈 책 ⓒ Adam Nieman / Flickr / CC BY-SA 2.0
돌리 ⓒ Sgerbic / Wikimedia Commons / CC BY-SA 4.0

글 ⓒ 박병철, 2023 그림 ⓒ 김민우, 2023
ISBN 978-89-6591-517-1 74400
ISBN 978-89-6591-456-3 74400(세트)

• 이 책은 저작권법에 따라 보호받는 저작물이므로 무단 전재와 무단 복제를 금합니다.
• 이 책의 전부 또는 일부를 이용하려면 반드시 저작권자와 휴먼어린이 출판사의 동의를 받아야 합니다.
• 사용연령 6세 이상 종이에 베이거나 긁히지 않도록 조심하세요. 책 모서리가 날카로우니 던지거나 떨어뜨리지 마세요.